Michael Bergmann

TMR - leistungsgerechte Zuteilung

GRIN Verlag

Bibliografische Information der Deutschen Nationalbibliothek:

Die Deutsche Bibliothek verzeichnet diese Publikation in der Deutschen National-
bibliografie; detaillierte bibliografische Daten sind im Internet über http://dnb.d-
nb.de/ abrufbar.

Impressum:

Copyright © 2005 GRIN Verlag, Open Publishing GmbH
Druck und Bindung: Books on Demand GmbH, Norderstedt Germany
ISBN: 978-3-640-87081-3

Dieses Buch bei GRIN:

http://www.grin.com/de/e-book/168974/tmr-leistungsgerechte-zuteilung

Schwerpunktseminar

- Seminararbeit-

Fachhochschule Südwestfalen – Abteilung Soest
Fachbereich Agrarwirtschaft

Seminararbeit im Themenbereich
„Grundfuttererzeugung"
am 16. Dezember 2005

Thema: **TMR - leistungsgerechte Zuteilung**

Verfasser: Michael Bergmann

Fachgebiet: Schwerpunktseminar
„Grundfuttererzeugung"

abgegeben am 08. Dezember 2005

Inhaltsverzeichnis

Abbildungsverzeichnis

Tabellenverzeichnis

1.0 Einleitung

Die Fütterung in der Milchviehhaltung beeinflusst die Kosten und die Leistungen der Betriebe maßgeblich. Ein gezieltes Vorgehen mit einer entsprechenden Fütterungsstrategie ist daher für eine erfolgreiche Milchproduktion unverzichtbar.

Die Bedeutung der Total Mischrationen (TMR) nimmt in den Milchviehbetrieben immer mehr zu.
In meinem Schwerpunktseminar „TMR- leistungsgerechte Zuteilung" möchte ich auf den folgenden Seiten die Vorteile und die Möglichkeiten einer gezielten, leistungsgerechte Anwendung der TMR darstellen.

2.0 Ziele einer erfolgreichen Milchproduktion

Um die Rentabilität der Milchproduktion zu verbessern ist eine Optimierung der Stückkosten erforderlich.
Auswertungen von Beratungsbetrieben zeigen eindeutig, dass die Stückkosten bei einer Steigerung der Milchleistung von 7.500 auf 10.000 Liter je Kuh/Jahr sinken.

	7500 kg	10 000 kg	Differenz % der Gesamtkosten bei 7500 kg
€ Cent/kg Leistung	32,7	32,1	2,1
Grundfutterkosten	4,6	4,3	0,9
Kraftfutterkosten	4,9	4,1	2,6
Remontierungskosten	2,2	2,7	1,4
sonst. Var. Kosten	5,1	4,3	2,6
Summe var. Kosten	16,8	15,4	4,7
Arbeit	5,4	4,4	3,3
Abschreibung	3,3	2,5	3
Kapital	2,0	1,6	1,4
Gemeinkosten	1,7	1,3	1,6
Summe Fest u. Gemeinkosten	12,4	9,7	9,3
Gesamtkosten	29,2	25,2	14
Gewinn	3,5	7,0	-11,9
Zus.Quotenkosten		2,6	-8,7
Restgewinn	3,5	4,4	-3,1

Tabelle 1: Effekt steigender Milchleistung auf die Stückkosten (Koesling 1999)

Bei den Fest und Gemeinkosten ist der Einspareffekt prozentual fast doppelt so hoch wie bei den variablen Kosten (Koesting 1999).

Die sinkenden Futterkosten je produziertem kg Milch entstehen dadurch, dass der anteilige Erhaltungsbedarf einer Kuh je erzeugtem kg Milch immer kleiner wird.

Eine Steigerung der Milchleistung auf 10.000 Liter und darüber hinaus ist damit ökonomisch sinnvoll und verbessert das Betriebsergebnis.

Mit steigenden Milchleistungen sind allerdings die Energiekonzentrationen im Futter weiter anzuheben. Daher müssen höhere Futterqualitäten und höhere Konzentratanteile verwendet werden. Dies beeinflusst allerdings die Kosten je Nährstoffeinheit.

Die physiologische Besonderheit der Wiederkäuer begrenzt aber die Energiedichte je kg Trockenmasse auf etwa 7,2 MJ/kg Trockenmasse Futter. Mit steigenden Leistungen ist es daher notwendig, dass die Kühe mehr Trockensubstanz aufnehmen müssen.

Durch einen zunehmenden Einsatz von stoffwechselstabilisierenden Komponenten und den Mehraufwendungen für die sichere Erzeugung von hervorragenden Silagequalitäten können die Futterkostenvorteile bei Hochleistungsherden allerdings egalisiert werden (Koesling 1999).

Gerade in hochleistenden Herden setzt sich das Fütterungssystem der **Total Mischration (TMR)** durch. Aufgrund der fütterungsphysiologischen Vorteile der TMR ist dieses System bei hohen Leistungsbereichen zu bevorzugen (Koesling 1999).

3.0 Definition und Vorteile einer Total Mischration

Bei einer Total Mischration werden alle Rationskomponenten für eine Kuhgruppe, also Grund und Kraftfutter, Mineralstoffe und Viehsalz gemischt und als Alleinfutter den Kühen vorgelegt.

Der wesentliche Aspekt dieses Fütterungsverfahrens ist, dass die Steuerung der Milchleistung hauptsächlich über die Menge des aufgenommenen Futters erfolgt (Losand 1999).

Die TMR bietet insbesondere bei hochleistenden Kühen Möglichkeiten zur Optimierung der Energie und Nährstoffversorgung. Ernährungsphysiologische Gründe für eine Nutzung des TMR Konzeptes in der Milchviehfütterung sind:

1) Stabilisierung der Milieubedingungen im Pansen.
Die TMR Fütterung bietet die Möglichkeit einer besseren Berücksichtigung der Pansenphysiologie gerade auch bei höheren Fütterungsintensitäten.
Der optimale pH- Wert im Pansen liegt bei 6,0- 6,5. Je mehr Kraftfutter gefüttert wird, desto niedriger ist der pH Wert im Pansen.

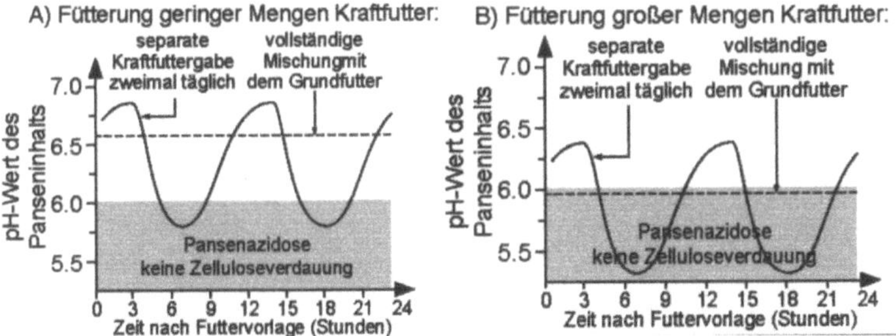

Abbildung 1: Einfluss der Kraftfutterfütterung auf Pansen pH (Wattiaux 2005)

Wird zweimal täglich Kraftfutter gefüttert, so besteht 2 bis 3 Stunden nach der Fütterung der höchste Säuregrad im Pansen. Wird jedoch die gleiche Menge Kraftfutter unter das Grundfutter gemischt und über den Tag verteilt verabreicht, wird der Grad der Veränderung des Pansenmilieus gemildert (Abbildung 1) (Wattiaux 2005).

2) Durch die kontinuierliche, gleichförmige Futteraufnahme von Grund und Kraftfutter kann eine höhere Konzentratmenge toleriert werden als bei konventionellem Rationsaufbau. Grundfutter-TS: Kraftfutter-TS bis maximal 40:60 statt konventionell 60:40) (Coenen 1994)

3) Die TMR bietet ein kontinuierliches Angebot einer konstant zusammengesetzten Ration.

4) Durch die Auswahl von geeigneten Futterkomponenten unter Berücksichtigung der Abbaubarkeit und der Abbauraten kann bei der TMR eine Pansen Synchrone Fütterung erreicht werden. Durch solch einen aufeinander abgestimmten („synchronisierten") Kohlenhydrat und Rohproteinabbau im Pansen wird eine maximale Effizienz der mikrobiellen Synthese erreicht (Coenen 1994)

5) Eine Optimierung des Trockensubstanzgehaltes (TS) ist in der Mischration möglich. Angestrebt ist ein TS Gehalt von mindestens 40% bis zu maximal 60% in der Gesamtration.

6) Die TMR ermöglicht eine Steigerung der Futtertrockenmasse Aufnahme auf näherungsweise 4kg/100kg Körpermasse und Tag. Durch die Optimierung der Verdauungsvorgänge im Pansen kann eine Erhöhung der TS-Futteraufnahme gegenüber herkömmlichen Fütterungstechniken um 0- 1,5 kg/Tier und Tag für realistisch gehalten werden Dieser Effekt ist umso größer, je schlechter vorher vorgelegt wurde und je größer die Unterschiede im Energiegehalt der eingesetzten Komponenten sind (Spiekers 2005).

7) Im Gegensatz zur festen Kraftfuttergabe kann die Kuh bei der TMR über die Menge des gefressenen Futters die Kraftfutteraufnahme selbst steuern. Bei einer Wiederkäuergerechten Rationsgestaltung kann die Gefahr einer Azidose geringer sein als bei separater Kraftfutter Zuteilung (Losand 1999).

Neben den ernährungsphysiologischen Vorteilen bieten sich weiterhin verfahrenstechnische Vorteile:

1) Eine Selektion seitens der Tiere bei den vorgelegten Einzelfuttermitteln ist bei einer richtig angewendeten Mischration nicht möglich. Daher kann der Landwirt die Ration gezielt steuern (Losand 1999).

2) Eine Verwendung von Futtermitteln mit geringer Schmackhaftigkeit oder besonderen Struktureigenschaften (NaOH behandeltes Getreide, Rübenblattsilage, Stroh, u.a) kann daher ohne Nachteile für die Futteraufnahme erfolgen (Coenen 1994).

3) Der Einsatz von „preiswerten" Nebenprodukten aus der Lebensmittelherstellung (Backabfälle, Pressschnitzel, Treber, Pülpe) und betriebseigenen Einzelkomponenten (CCM, LKS, Feuchtgetreide) ist problemlos möglich (Coenen 1994).

4) Weiter Vorteile können sich in der Arbeitswirtschaft und der Ausgestaltung der Fressplätze ergeben. So kann bei einer TMR das Tier
- Fressplatzverhältnis im Vergleich zur Einzelkomponenten Fütterung auf max.
1- 2 erweitert werden (Spiekers 2005).

4.0 Fütterungsstrategien bei einer TMR

Die Notwendigkeit und Gestaltung der Gruppenbildung bei der TMR Fütterung wird seit Jahren sehr kontrovers diskutiert.

Wie in Abbildung 2 dargestellt, folgen Milchproduktion, Trockensubstanzaufnahme, Körpergewicht und die Energiebilanz einer Kuh während der Laktation einem typischen Muster der Veränderung.

Um bei der TMR Fütterung eine Unterversorgung mit Energie in der Frühlaktation und eine Überversorgung mit Energie bei nachlassender Milchleistung zu vermeiden, kann es sinnvoll sein, die Energiekonzentration der Ration dem Laktationsverlauf an zu passen. Dies geschieht durch die Bildung von Leistungsgruppen. Nur durch eine Gruppierung von Tieren mit ähnlichen

Ansprüchen an die Energie und Nährstoffe der Ration wird eine bedarfsgerechte, ernährungsphysiologische, futterökonomischen sowie den umweltseitigen Anforderungen entsprechende Milchviehfütterung ermöglicht (Spiekers 2005).

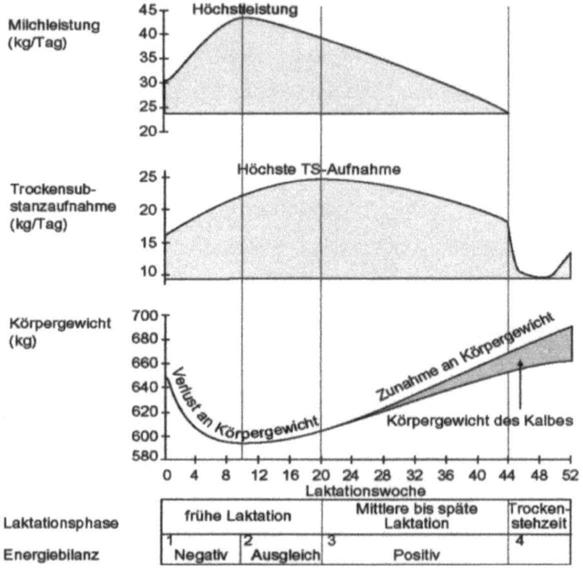

Abbildung 2: Phasen des Laktationszyklus   (Wattiaux 2005)

Neben den Leistungsgruppen kann es sinnvoll sein eine **Färsengruppe** einzurichten.

Bei sehr hohen Milchleistungen von über 9 000 l Milch ist es allerdings ebenso möglich mit nur **einer Leistungsgruppe** zu arbeiten.

Die Zahl der Fütterungsgruppen hängt neben der Herdenleistung von der Herdengröße und den baulichen Gegebenheiten ab.

Gerade in kleinern Betrieben ist aufgrund der zu geringen Tierzahl eine Gruppenbildung nicht möglich. In diesen Betrieben kann durch die zum Teil noch vorhandene Abrufstation eine **Teil Misch Ration** verfüttert werden. Bei diesem Verfahren wird eine aufgewertete Grundration mit dem Mischwagen vorgelegt und weitere leistungsabhängige Kraftfuttergaben an der Abrufstation zugeteilt.

Unabhängig von der Gruppenbildung bei den laktierenden Kühen ist eine **zweiphasige Trockensteherfütterung** umzusetzen.

4.1 Trockensteher Fütterung

Grundsätzlich ist bei der Rationsgestaltung zwischen laktierenden und trockenstehenden Tieren zu unterscheiden.

Der Start in die Laktation entscheidet über die Leistung und die Fitness der Kuh. Die Vorraussetzungen für eine erfolgreiche erneute Belegung und eine gute Gesundheit der Milchkuh werden bereits in der Trockenstehzeit und der Vorbereitungs- und Anfütterungszeit vor und nach der Kalbung gelegt (Spiekers 2005)

Bereits im letzten Laktationsdrittel sollte die angestrebte Kondition der Tiere mit einem Body Conditioning Score (BCS) von 3,5 durch eine entsprechend angepasste Fütterung erreicht werden. Die Trockenstehzeit eignet sich allerdings nicht zur Behebung von Konditionsmängeln aus der Laktation.

Die Fütterung der Trockenstehenden Kühe sollte in zwei separaten Fütterungsgruppen erfolgen.

Trockenstehende Kühe sollten einerseits ihren Erhaltungsbedarf und anderseits genügend Nährstoffe für den wachsenden Fötus aufnehmen. Von der 6. bis 4. Wochen vor der voraussichtlichen Geburt werden 49,5 MJ NEL / Tag und 1070 g nXP/Tag empfohlen. Dies entspricht dem Erhaltungsbedarf plus 4- 6 Liter Milch. Je nach Futterbasis ist hier eine Futtermischung mit unterschiedlicher Menge an Stroh und einem Zusatz von Spurenelementen, Vitaminen und Natrium einzusetzen.

Ab der 3. Woche bis zur Geburt werden 56,0 MJ NEL und 1165 g nXP /Tag empfohlen.

Zwei Wochen vor der Kalbung sollte mit der gezielten Vorbereitungsfütterung begonnen werden. In der Vorbereitungsfütterung sollten die gleichen

Futtermittel wie in der folgenden Laktation eingesetzt werden, um eine entsprechende Anpassung von Pansenwand und Pansenmikroben zu erreichen.

Futtermittel	Ration bis 2 Wochen vor Kalbung	Ration zur Vorbereitungs-Fütterung
Grassilage 2. Schnitt kg TM/Tag	4	4,5
Grassilage 1. Schnitt kg TM/Tag	-	-
Maissilage kg TM/Tag	4	4,5
Stroh	3	-
MLF (160/3)	-	3
Mineralfutter kg /Tag	0,05	0,05
MJ/kg TM	5,4	6,5
Calcium g/kg TM	4,6	5,1
Phosphor g/kg TM	2,5	3,6
DCAB meq/kg TM	+ 200	+ 200

Tabelle 2: Beispiel Rationen für eine zweiphasige Trockensteherfütterung (Spiekers 2005)

In der Vorbereitungsfütterung entfällt das Stroh und es kommt Milchleistungsfutter in die Ration. In den letzten 10 Tagen vor der Kalbung ist ein merklicher Rückgang der Futteraufnahme zu verzeichnen (Tabelle).

Tage vor Kalbung	Färse 600 kg LG	Kuh 660 kg LG
21	10,2	12,8
11	10,0	12,0
5	9,3	10,4
1	7,4	8,8

Tabelle 3: Futteraufnahme (kg TM/Tag) im Zeitraum vor der Geburt (Spiekers 2005)

Bei der TMR empfiehlt sich in der Vorbereitungsfütterung der kombinierte Einsatz der Trockensteherration und der Ration für die frischmelkenden Tiere. Grundsätzlich ist auf die Problematik der der enthaltenden Calciumgehalte und der positiven Anionen- Kationen Bilanz (DCAB) zu achten. Bei gehäuften Auftreten von Milchfieber sind daher spezielle Rationen zu füttern (Spiekers 2005).

4.2 mehrphasige TMR

Wenn es die betrieblichen Voraussetzungen zulassen, ist es auf jeden Fall empfehlenswert, die melkenden Kühe in mindestens 2 Fütterungsgruppen zu unterteilen und mit unterschiedlichen Rationen zu füttern. Dies ist aus physiologische und auch aus Kostengründen zu empfehlen.

4.2.1 Anforderungen einer TMR an die Frühlaktation

An die Milchkuh in der Frühlaktation werden die höchsten Anforderungen gestellt. Sie soll viel Milch mit einem hohen Milchproteingehalt produzieren und gleichzeitig soll sich ein normaler ovarieller Zyklus einstellen.

Kurz vor der Geburt und mit Beginnen der Laktation ist allerdings die Fähigkeit einer Kuh, die erforderliche Futtermenge aufzunehmen begrenzt. Somit hat die Milchkuh in der frühen Laktation eine negative Energiebilanz.
Während des frühen Laktationsstadiums ist es also normal, dass die Kuh Körperreserven mobilisiert. Die Fähigkeit der Kuh Körperreserven freizusetzen ist Teil ihres genetischen Potentials zur Milchproduktion. Kühe mit einem hohen genetischen Potential mobilisieren bis zu drei Monaten Körperreserven (Wattiaux 1999).
Theoretisch sind laktierende Kühe durch die Nutzung ihrer Körperenergiereserven in der Lage, bis zu 25 % ihrer 100 Tage Leistung energetisch durch Nutzung ihrer Körpermasse zu bilden (Rossow 2005).

Aus 0,5 kg mobilisierte Körpermasse können über 3 kg Milch aus Energie aber nur ca. 1 kg Milch aus Protein gebildet werden. Die erforderliche Menge an nXP in der Fütterung steigt daher an. Ein rechnerisches Vorhalten von nXP (bis 2 kg je Kuh und Tag) hat sich in der Praxis bewährt.

Durch das Einschmelzen von Körperreserven entstehen Ketonkörper, die zwar Energie liefern, aber auch den Appetit unterdrücken und damit einen „Teufelskreis" in Gang setzen.

Ein zu starker Gewichtsverlust kann sich sehr schädlich auf die Tiergesundheit auswirken. Eine Vielzahl von Erkrankungen des geburtnahen Zeitraumes lassen sich auf die Fettmobilisation zurückzuführen. Labmagenverlagerungen, Nachgeburtsverhalten und besonders Ketose können Auswirkungen einer ausgeprägten negativen Energiebilanz sein. Man geht davon aus, dass mehr als die Hälfte der Kühe nach dem Abkalben eine mittelgradige Leberverfettung erleiden. Eins von fünf Tieren erkrankt im Schnitt an der hochgradigen Form. (Ziegler 2005).

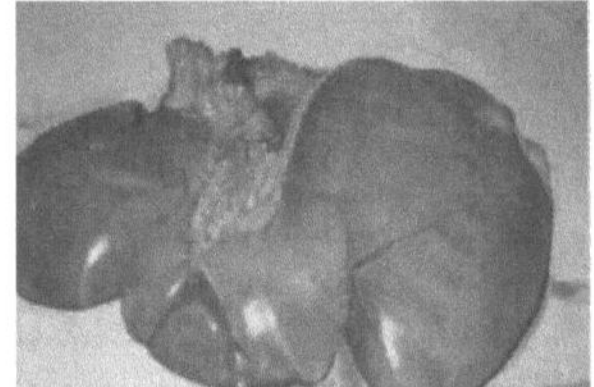

Abbildung 3: Fettleber (Ziegler 2005)

Weiterhin beeinflusst eine ausgeprägte negative Energiebilanz nach der Geburt, sowie Stoffwechselerkrankungen wie Ketose oder Fettlebererkrankungen, selbst im subklinischen Bereich, die Fruchtbarkeit negativ (Warder 1995).

Je langsamer aber die Abbaugeschwindigkeiten sind, desto geringer sind die Risiken für Gesundheit und Fruchtbarkeit. Eine Hochleistungskuh zeichnet sich dadurch aus, dass sie ihre beträchtlichen Körperfettreserven langsam mobilisiert, weil sie eine hohe Futteraufnahme besitzt.

Die Frühlaktation lässt sich in 3 Phasen unterteilen.

In der Phase 1 (1 Woche ante partum- 3 Wochen past partum) findet die Adaption an die negative Energiebilanz statt. In ihr ist die Geschwindigkeit der Fettmobilisierung besonders hoch. Verläuft sie stürmisch und unkontrolliert spricht man von einem krankhaften Zustand, dem Fett- Mobilisationssyndrom.

In der Phase 2 (4- 8 Wochen p.p) hat sich die Kuh an die Verarbeitung der mobilisierten Fettsäuren adaptiert und ist in der Lage, täglich 1 kg Körperfett und mehr zu verwerten. Sie erreicht den Tiefpunkt der Konditionsabnahme (ca. 8 Laktationswoche), der die Konditionsnote von 2,5 nicht unterschreiten sollte.

In der 3. Phase (9- 12 (16) Woche p.p.) beendet die Kuh die negative Energiebilanz. Leistungsschwächere Tiere haben eine kürzere Periode der negativen Energiebilanz als leistungsstarke. Des Weiteren dauert die negative Energiebilanz bei Tieren mit geringerer T- Aufnahme länger (Rossow 2005).

Kühe mit hohem TS- Verzehr können die Risiken eines überstürzten und überhöhten Körperfettabbaus umgehen. Effiziente und maximale Milchleistungen, gesunde und fruchtbare Kühe sind die Folge einer hohen Trockensubstanzaufnahme in der Frühlaktation.

Die Rationsgestaltung in der Frühlaktation ist daher von besonderer Bedeutung. Das TMR System bietet die Möglichkeit die optimale Versorgung der Tiere in der Frühlaktation zu erreichen. Die Ration in der Frühlaktation sollte sehr energiereich sein und auf die pansenphysiologischen Bedürfnissen abgestimmt sein, um in den ersten Wochen eine hohe Futteraufnahme der Kühe zu realisieren (Losand 2000).

Wie aus Tabelle 4 ersichtlich steigen mit steigender Milchleistung die Anforderungen an die Energie und Nährstoffversorgung an.

Die empfohlenen Energiekonzentrationen in der Frühlaktation liegen bei einer Leistung von 6000 l bei 6,9- 7,1 NJ/kgTM und bei 10.000kg Milch bei 7,1-7,3 MJ/kg TM.

Eine Ration kann aber nur so konzentriert in ihren Inhaltsstoffen sein, dass über die Menge der Futteraufnahme noch genügend strukturwirksame Faser in den Pansen gelangen (Losand 2000).

Herdenleistung		6.000		8.000		10.000	
Abgedeckte Milchleistung*, kg/Kuh und Tag		32		37		42	
		min.	max.	min.	max.	min.	max.
Trockenmasse,	g/kg	450	550	450	550	450	550
Rohfett,	g/kg TM		45		45		45
XZ+XS-bXS**,	"	100	250	125	250	150	250
bXS,	"	10	60	20	60	30	60
Rohfaser,	"	150	(200)	150	(190)	150	(180)
SW	/kg TM	1,05		1,10		1,15	
NEL,	MJ/kg TM	6,9	7,1	7,0	7,2	7,1	7,3
nXP,	g/kg TM	160		165		170	
RNB,	"	1,0		1,0		1,0	
Ca,	"	6,0		6,2		6,4	
P,	"	3,7		3,9		4,0	
Na,	"	1,5	2,5	1,5	2,5	1,5	2,5
Mg,	"	1,6		1,6		1,6	

* kg ECM je Tag = ((1,05 + 0,38 % Fett + 0,21 % Eiweiß)/3,28) x Milch kg

XS = Stärke; XZ = Zucker; bXS = beständige Stärke

** pansenverfügbare Kohlenhydrate

Tabelle 4: Nährstoffangaben zur Konzeption einer TMR für frischmelkende Milchkühe (Spiekers 2005)

Der Qualität des Grundfutters kommt hierdurch eine besondere Bedeutung zu. Die T- Aufnahme und auch die Menge des zu verabreichenden Konzentratfuttermittels hängen von der Qualität ab.

Das Grundfutter liefert durch seinen Gehalt an strukturierter Rohfaser optimale Bedingungen für die Speichelproduktion und die Aufrechterhaltung der Schichtungsverhältnisse im Pansen.

Eine zu geringe Grundfutteraufnahme führt zu Pancenacidose, Labmagenverlagerung, Milchfett Depression und zu einer verminderten Futteraufnahme (Rossow 2004).

Als Möglichkeiten zur Strukturbewertung in der Ration bieten sich die Bewertungssysteme der strukturwirksamen Rohfaser und des Strukturwertes an.

Der Strukturwert je kg/ TM sollte bei 6000l bei 1,05 liegen bei 10.000 l erhöht er sich auf 1,15 kg/ TM.

Für die Fütterung zu Beginn der Laktation ist eine gezielte Vorbereitungsfütterung zum Ende der Trockenstehzeit mit dem gleichen Kraftfuttertypen durch zu führen, welcher auch in der Laktation eingesetzt wird. Dadurch können nach dem Kalben größere Kraftfuttermengen verabreicht werden, ohne dass es zu schädlichen Nebenwirkungen im Pansen kommt. Die Anfütterung bei der TMR gestaltet sich im Vergleich zu anderen Fütterungssystemen einfacher, da die Kraftfuttermenge nicht ständig an die Grobfutteraufnahme angepasst werden muss (Spiekers 2005).

In einigen Betrieben wird die TMR für die Frischmelker nochmals in eine 1a Gruppe für Transitkühe und eine 1b für die Frischabkalbenden unterteilt. In der 1a („Close Up") Gruppe werden die Kühe 2- 3 Wochen nach dem Kalben an die zu erwartenden hohen Konzentratgaben langsam adaptiert und unterliegen in der kritischen Phase des Laktationsbeginns einer besonderen Kontrolle (n.n 2004).

Um den gestiegenen Nährstoffbedarf bei höherer Milchleistung gerecht zu werden, kann es sinnvoll sein Zusatzstoffe in die TMR mit einzumischen.

Milchleistung	Bedarf an
20kg	Nettoenergie, Rohprotein, Mineralstoffe
30kg	Nettoenergie-Laktation, nutzbares (darmverfügbares) Protein
40kg	Nettoenergie-Laktation, pansenstabiles Protein, darmverfügbares Protein + Stärke, + Zucker, ruminale N-Bilanz
50kg	+ pansenstabile Stärke, + pansenstabile Aminosäuren + Aminosäurenstruktur des darmverfügbaren Proteins + strukturwirksame Faser + Vitaminversorgung + Spurenelementeversorgung
60kg	+ pansenstabiles Fett

Tabelle 5: Nährstoffbedarf in Abhängigkeit zur Leistung (Losand 1999)

Wie aus Tabelle 9 zu erkennen ist, haben Kühe bei einer Milchleistung von 50 kg einen erhöhten Bedarf von pansenstabiler Stärke, pansenstabilen Aminosäuren, strukturwirksame Fasern sowie einer höheren Vitamin und Spurenelementversorgung.

Folgende Stoffe finden Verwendung:

- Propylenglykol, Propionat, Propionsäure
- Hefen
- Geschützte Aminosäuren bzw. Protein
- Geschützte Fette
- Niacin, B- Vitamine
- Puffersubstanzen
- Huminsäure

Besonders der Einsatz von Prophylenglykol, Hefen und pansenstabilen Aminosäuren haben sich in der Praxis bewährt. Zu beachten ist allerdings das Kostenniveau der Zusätze (Spiekers 2005).

4.2.2 Anforderungen an die Ration der altmelkende Milchkühe

Die Fütterung im ersten und erst recht im dritten Laktationsdrittel ist wesentlich einfacher als bei den Frischmelkenden. In dieser Phase der Laktation ist der Bedarf an Energie und Nährstoffen durch die sinkende Milchleistung geringer.

Somit ist gerade im letzten Drittel der Laktation und bei geringerer Leistung häufig die Gefahr der Überversorgung gegeben. Eine solche Überversorgung führt einerseits zu einer Verteuerung der Fütterung und des weiterem vor allem Dinge zu einer Verfettung der Tiere. Einem hohen Luxuskonsum an Kraftfutter der niedrigleistenden Tiere wird mit der Einrichtung von Leistungsgruppen entgegengewirkt (Engelhard 2000).

Überkonditionierte Tiere mit einem BCS > 3,5 nehmen in der folgenden Laktation weniger Futter auf. Dies verdeutlicht die Bedeutung der Fütterung auf Kondition im letzten Drittel.

Wie aus Tabelle 6 ersichtlich, liegen die Empfehlungen für altmelkende Tiere niedriger als bei den Frischmelkern. Abgestuft sind neben den Werten für die Energiedichte die Vorgaben für die Versorgung mit nXP und mit Kohlenhydraten. Abgedeckt werden Leistungen je nach Herdenniveau von 19- 25 kg Milch.

Für Altmelkende Tiere können auch qualitativ geringere Futtermittel eingesetzt werden, was zu einer Kosteneinsparung führt (Wattiaux 2005).

Herdenleistung Abgedeckte Milchleis- tung*, kg/Kuh und Tag		6.000 19		8.000 22		10.000 25	
		min.	max.	min.	max.	min.	max.
Trockenmasse,	g/kg	400	600	400	600	400	600
Rohfett,	g/kg TM		40		40		40
XS+XZ- bXS,**	"	75	175	75	200	75	225
bXS,	"		30		30		30
Rohfaser,	"	150		150		150	
SW,	/kg TM	1,0		1,0		1,0	
NEL,	MJ/kg TM	6,4	6,5	6,5	6,6	6,6	6,7
nXP,	g/kg TM	135		140		145	
RNB,	"	0		0		0	
Ca,	"	5,1		5,3		5,5	
P,	"	3,3		3,4		3,5	
Na,	"	1,5	2,5	1,5	2,5	1,5	2,5
Mg,	"	1,6		1,6		1,6	

* kg ECM je Tag = ((1,05 + 0,38 % Fett + 0,21 % Eiweiß)/3,28) x Milch kg
XS = Stärke; XZ = Zucker; bXS = beständige Stärke
** pansenverfügbare Kohlenhydrate

Tabelle 6: Nährstoffversorgung zur Konzeption einer TMR für altmelkenden Milchkühe (Spiekers 2005)

4.2.3 Färsengruppe

Der Start in die Laktation ist für Färsen besonders problematisch. Sie stehen in der Herde an unterster Stelle der Rangordnung. Besonders in überbelegten Ställen haben sie es schwer an Wasser und Futter zu kommen und werden sogar beim Liegen von Altkühen gestört (Ballheimer 2004).

Abbildung 4: Ängstliche Färse (Hulsen 2004)

Auch an die Fütterung der Färsen werden besonders hohe Ansprüche gestellt. Außer für die Milchleistung haben die Färsen noch einen zusätzlichen Energiebedarf für das Wachstum. Gleichzeitig ist aber die Trockensubstanzaufnahme um 20- 25 % niedriger als bei ausgewachsenen Kühen (Spiekers 2005).

Jungkühe der 1. Laktation sollten daher über ihre aktuelle Milchleistung hinausgehende Energiezulagen erhalten. Die beträgt in der 1. Laktation 20% und in der 2. Laktation 10 % des Erhaltungsbedarfes. Bei Nichtbeachtungen dieser Erfordernisse verfügen die Jungrinder in der 2. Laktation über nicht ausreichende Körperenergiereserven und schränken ihre Milchleistung ein, um die Verluste wieder auszugleichen (Rossow 2004).

Amerikanische Auswertungen belegen, dass bei einer separaten Färsengruppe, die Jungkühe länger und häufiger fressen. Die Trockensubstanzaufnahme und die Milchleistung sind bei einer Färsengruppe höher

Wenn aus betrieblichen Gründen keine separate Färsengruppe eingerichtet werden kann, sollten die Färsen in einer gemeinsamen Frischmelkergruppe eingeteilt werden. Aufgrund ihres erhöhten Nährstoffbedarfes für das Wachstum sollten die Jungkühe daher länger in dieser Gruppe verweilen (Ballheimer 2004).

4.2.4 Gruppeneinteilung

Die optimale Anzahl der Leistungsgruppen ist hauptsächlich vom Leistungsniveau der Herde abhängig. Die Energiedichten der einzelnen Rationen für melkende Kühe sollten sich möglichst nicht um mehr als 0,5 MJ NEL/ kg T unterscheiden (Rossow 2004).

Bei einem Leistungsniveau von 6000 bis 8500 kg/ Kuh und Jahr werden drei Leistungsgruppen empfohlen

▶ Ration 1 für hohe Leistungen mit einer Energiedichte von 7,0 MJ NEL/ kg T

▶ Ration 2 für mittlere Leistungen mit 6,6 MJ NEL/ kg T

▶ Ration 3 für niedrige Leistungen mit 6,2 MJ NEL/ kg T

Bei einer Herdendurchschnittsleistung von 8500 bis 9500 werden 2 Leistungsgruppen empfohlen. Die Gruppen der Mittel und Spätlaktation können zu einer Gruppe vereinigt werden, da sich mit zunehmender Herdenleistung nur noch weniger als 10%- 15% der Kühe in der niedrigen Leistungsgruppe befinden (Tabelle 7)

►Ration 1 für hohe Leistungen mit einer Energiedichte von 7,1 MJ/kg/

►Ration 2 für mittlere Leistungen mit 6,6 MJ NEL/kg T

Anteil Kühe der melkenden Herde in den Gruppen

Gruppe	1	2	3
6.000 – 7.000 kg	40 – 50	30 – 40	20 – 30
7.000 – 8.000 kg	50 – 60	25 – 30	15 – 20
8.000 – 10.000 kg	60 – 80	10 – 25	0 – 15

Tabelle 7: Anzahl der Tiere in den einzelnen Leistungsgruppen (Spiekers 2005)

Die Kühe sollten vorrangig nach dem Futteranspruch in die Fütterungsgruppen eingruppiert werden. Der Futteranspruch richtet sich nach der aktuellen Milchleistung und den Inhaltsstoffen unter der Berücksichtigung der Laktationsnummer, des Trächtigkeitstages und natürlich der Körperkondition. Unter Berücksichtigung ihres optimalen BCS sind die Tiere in die Leistungsgruppen zu gruppieren. Wenn der Körperkonditionswert innerhalb der Normlinien der Abbildung 5 liegt, ist die Kuh weder zu fett noch zu mager und die Energieaufnahme passt zu ihrem Bedarf.

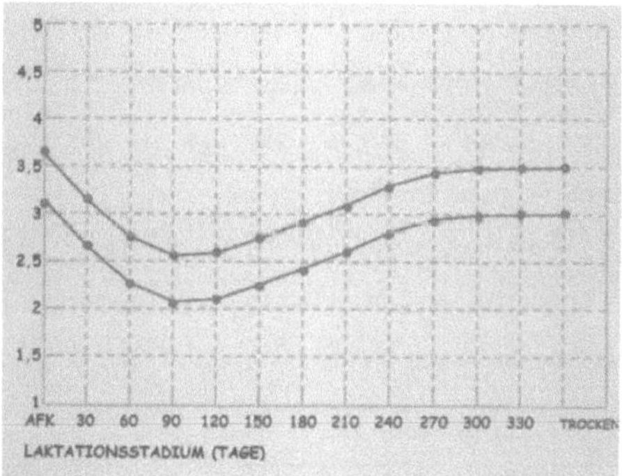

Abbildung 5: Optimaler Verlauf des Körperkondition (BCS) (Hulsen 2004)

In der Frühlaktation steigt die Milchleistung noch an. Daher sollten in den ersten 40- 70 Tagen auch dann die energiereichste Ration vorgelegt werden, wenn ihre Milchleistung unter dem zur Umgruppierung festgelegten Wert liegt.

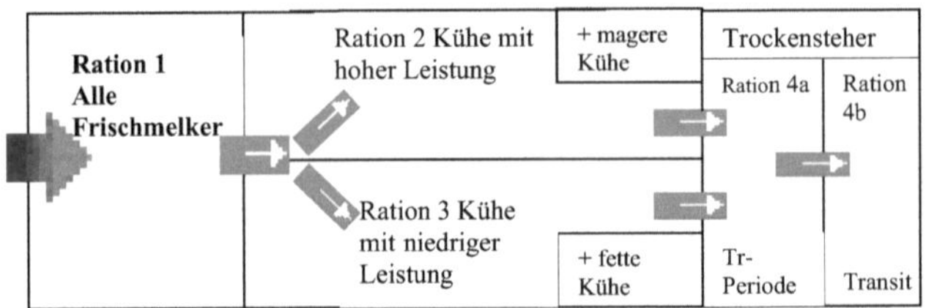

Abbildung 6: Gruppenfütterung mit 4 Rationen

Die Kühe sind grundsätzlich nicht einzeln, sondern in kleinen Gruppen in die jeweilige Leistungsgruppe wechseln. Um Unruhe zu verhindern, hat es sich bewährt die Kühe während der Fütterung oder beim Herauskommen aus dem Melkstand umzugruppieren (Rossow 2004).

4.3 Einphasige TMR

Kann nur mit einer Leistungsgruppe gearbeitet werden, sollte die Herdenleistung über 9000 kg liegen. Dadurch haben die Tiere auch bis zum Ende der Laktation einen hohen Nährstoffbedarf und neigen bei dieser Fütterungsstrategie nicht zu einer starken Überkonditionierung (Warder 1995).

Die empfohlenen Energiegehalte für die laktierenden Kühe ohne Leistungsgruppen liegen etwas niedriger als die Empfehlungen für die Frischmelkenden bei der Gruppeneinteilung

Milchleistung Kg/ Tier/ Jahr	nXP g/ kg TM	Energie MJ NEL/KG TM	Mögliche Milchleistung	Notwendige Futteraufnahme
7000	155	6,7 – 6,8	29	19 - 20
8000	158	6,8 – 6,9	31	20 – 21
9000	162	6,9 – 7,0	34	22 – 23
10000	167 (ink. UDP)	7,0 – 7,1	38	22 - 24

Tabelle 8: Empfohlene Gehalte in TMR ohne Leistungsgruppe (Spiekers 2005)

Die Milchkuh realisiert bei der einphasigen TMR die Milchleistung über die Futteraufnahme und einem zum Teil erhöhten Körperfettabbau.

Durch die sinkende Milchleistung im weiteren Laktationsverlauf nimmt die Futteraufnahme ab und die Energieaufnahme verringert sich dadurch. Der noch bestehende Energieüberschuss wird zur Wiederanlage von Körperreserven genutzt (Rossow 2004).

Dem Management kommt hinsichtlich Gleichmäßigkeit der Herde, Fruchtbarkeitsmanagement und Zeitpunkt des Trockenstellens eine besondere Bedeutung zu, damit die Tiere zum Zeitpunkt des Trockenstellens nicht zu sehr verfetten.

Amerikanische Untersuchungen zeigen allerdings einen um etwa 30% höheren Verbrauch von Kraftfutter bei der einphasigen TMR. Auch die fehlende Möglichkeit unterschiedliche Grobfutterqualitäten und die Kohlenhydrate gezielter einzusetzen, verteuern diese Fütterung erheblich (Spiekers 2005).

Aus dem Rinderreport 2004 wird ersichtlich, dass die einphasigen TMR bei Fleckviehbetriebe mit einer durchschnittlichen Milchleistung von nur 6380 kg Milch Probleme bereitet. Durch die Überversorgung in der Spätlaktation traten vermehrt Schwergeburten auf diesen Betrieben auf. Des Weiteren hatten diese Betriebe die schlechteste Grundfutterleistung und den niedrigsten Deckungsbeitrag (N.N 2005).

Andere Empfehlungen gehen dahin die Energiedichte in der Einheitsration auf nur 6,8 MJ NEL /kg T zu begrenzen. Durch einen daraus resultierenden flacheren Milchleistungsverlauf soll der Energiestoffwechsel entlastet werden. Durch eine höhere Persistenz und dem geringeren Energiegehalt soll außerdem eine Verfettung verhindert werden (Rossow 2004).

Diese Fütterungsstrategie bereitet aber in der Praxis vermehrt Probleme.

Wie unter Punkt 4.1.1 erläutert ist die Gesundheit und Ernährung im frühen Laktationsstadium entscheidend für ihre gesamte Laktationsleistung. Speziell in diesem Zeitraum bringt die Kuh ihr genetisches Potential zum Ausdruck.

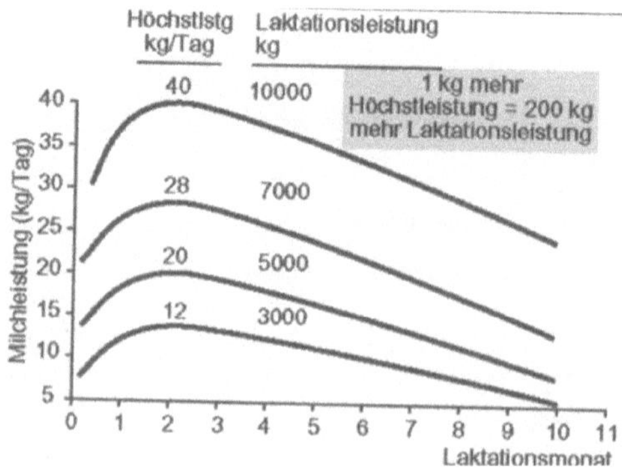

Abbildung 7: Tageshöchstleistung und Laktationsverlauf (Wattiaux 2005)

Abbildung 7 zeigt die Milchproduktion bei Höchstleistung und den entsprechenden Verlauf der weiteren Laktationsleistung. Bei einer ausgewachsen Kuh führt eine Leistungssteigerung von 1 kg bei Höchstproduktion zu einer Gesamtlaktationssteigerung von etwa 200 kg Milch.

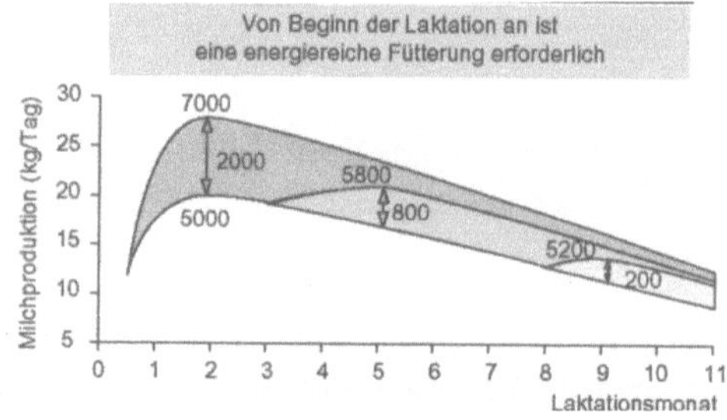

Abbildung 8: Fähigkeit der Kuh auf eine ausgewogene Ernährung anzusprechen (Wattiaux 2005)

Die Darstellung 8 zeigt weiterhin, dass das genetische Potential (im Beispiel 7000 l) nur erreicht werden kann, wenn während der gesamten Laktation eine ausgewogene Fütterung durchgeführt wird. Der große durch Unterversorgung entstehende Verlust in der Milchproduktion, kann auch bei ausgewogener Fütterung während der letzten 8 Monate nicht ausgeglichen werden. Dieser Verlust in der Milchleistung verhält sich proportional zu der in der Fütterung fehlenden Nährstoffmenge (Wattiaux 1997).

4.4 Teilmischration

Die Einrichtung von Leistungsgruppen ist in kleineren und mittleren Betrieben aus organisatorischen und arbeitswirtschaftlichen Gründen nicht zu realisieren. Daher bleibt für viele Betriebe eine aufgewertete Mischration plus tierindividuelle Kraftfuttergabe zurzeit das System der Wahl.

Aufgrund hoher Kraftfutterkosten und Problemen mit verfetteten Tieren beim Abkalben rüsten viele Betriebesleiter von der einphasigen TMR zur Halbmischration (HMR) um.
Auch leistungsstarke Betriebe setzten wieder verstärkt auf die Leistungsfütterung per Transponder, da hierdurch leistungsstarke Kühe individuell besser ausgefüttert werden können und bei Altmelkern Kraftfutter gespart werden kann (Wattendorf- Moser 2005).

Auch Versuchsergebnisse der LVA Iden haben ergeben, dass es bei nur einer Fütterungsgruppe von Vorteil ist, Kühe in der Frühlaktation zusätzlich zur Mischration mit der Transponderfütterung auszufüttern (Engelhardt 2000).
In der aufgewerteten Mischration orientieren sich die Nährstoffkonzentrationen an der vorhandenen Milchleistung der Betriebe (siehe Tabelle 9). Je gleichmäßiger die Herde ist, umso höher sollte die Mischration eingestellt sein, um deren Vorteile zu nutzen (Spiekers 2005).

Leistungsniveau kg /Kuh Jahr	6000	8000	10 000
Aufgewertete Ration für kg/Kuh Tag	18- 22	22- 26	26- 32

Tabelle 9 : Ausrichtung der Ration bei einer Halb-Mischration (Spiekers 2005)

5.0 Rationskontrolle

Dem Fütterungsmanagement kommt in der TMR
Fütterung einer besonderen Bedeutung zu.
Gerade bei der einphasigen TMR ist dem
Fütterungs- Controlling einer noch größeren
Beachtung zu schenken (Spiekers 2005).

Abbil. 9: Rationskontrolle
im Stall (Hülsen 2004)

Die berechnete Ration stimmt nur selten mit dem überrein, was eine Kuh
wirklich frisst. Die Rationsberechnung ist daher nur ein Anhaltspunkt, welcher
im Stall kontrolliert und angepasst werden muss (Hulsen 2004). Entscheidend
für den Erfolg einer leistungsgerechten Fütterung ist die umgesetzte Ration.
Eine genaue Auswertung der Milchkontrolldaten ist erforderlich.

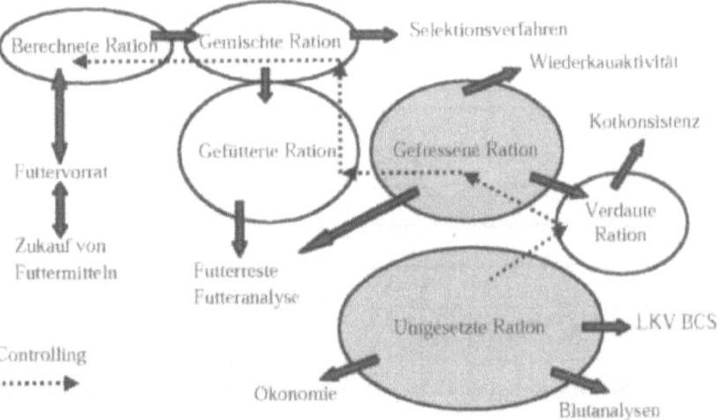

Abbildung 10: Unterschied zwischen berechneter und umgesetzter Ration
(Hulsen 2005)

Weiterhin ist der aktuelle Fütterungszustand anhand von „Kuhsignalen" zu
überprüfen. So gibt die Überprüfung der Pansenfüllung Informationen über die
Futteraufnahme und die Passagegeschwindigkeit der letzten Stunden.
Durch die Beurteilung des Kots als Spiegel der Verdauung erhält man einen
Eindruck über die Ausgewogenheit des Futters.
Die Beurteilung der Wiederkautätigkeit gibt Hinweise auf eine ausreichende
Struktur.

Bei der Beurteilung der „Kuhsignale" sind den Risikogruppen Färsen, frisch abgekalbte Kühe, Kühe in den ersten zwei Monaten und den Kühen am Ende der Laktation besondere Beachtung zu schenken (Hulsen 2004).

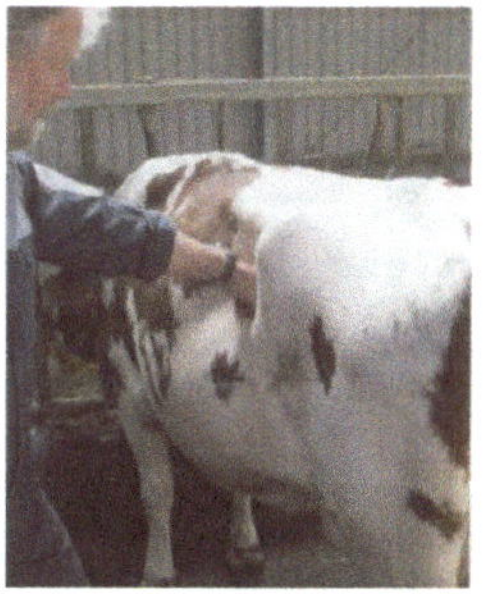

Abbildung. 11: Kuh mit geringer Pansenfüllung(Hulsen 04)

6.0 Ökonomische Bewertung der TMR

Der Einsatz einer TMR ist mit besonderen Anforderungen an die Technik, Logistik und Organisation der Betriebe verbunden. Im Bereich der Futterlagerplätze und Fahrstrecken sind befestigte Flächen nötig. Für eine schlagkräftige Befüllung ist die Anordnung der Fahrsilos sowie des Konzentratfutters wichtig.

Im Bereich der Technik ist für ein ausreichend großen Futtermischwagen und eine geeignete Befülltechnik nötig.

Dies führt zu einem hohen Investitionsaufwand. Beim Vergleich des Investitionsaufwandes verschiedener Fütterungssysteme wird ersichtlich, dass das System Futtermischwagen erst ab einer Herdengröße von 100 Kühen deutlich wettbewerbsfähiger ist (Koesling 1999).

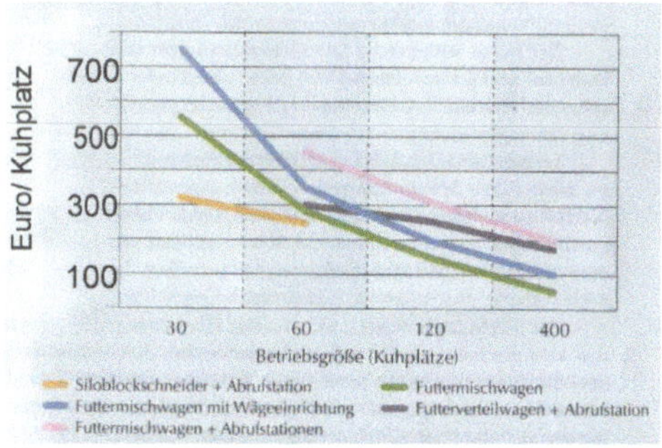

Abbildung 12: Investitionsaufwand für Fütterungssystem (Koesling 1999)

Die Futterkosten je Kuh können durch eine mehrphasige TMR gesenkt werden. Durch die unterschiedlichen Rationen für Frischmelker und für Altmelker können ökonomische Vorteile erreicht werden. Aus den Kosten der Rationen von Tabelle 10, wird ersichtlich dass die Kosten für die frischmelkenden Tiere je kg/Milch höher liegen. Mit dem Einsatz von preiswerten Nachprodukten sind noch deutlichere Unterschiede zu erwarten

Generell gilt es jedoch die Futterkosten der Gesamtration nicht zu minimieren sondern zu optimieren. Zur wirtschaftlichen Verbesserung der Milchviehhaltung ist daher neben einer hohen Milchleistung mit hohen Inhaltsstoffen, die Gesundheit, Fruchtbarkeit und Langlebigkeit der Kuh zu gewährleisten (Spiekers 2005).

	Preis	Leistungsniveau					
		6.000		8.000		10.000	
		Milch, kg/Tag					
	Euro/t*	32	19	37	22	42	25
Grassilage, gut	40			0,26		0,48	
Grassilage, mittel	35	0,42	0,86	0,23	0,81		0,70
Maissilage	30	0,60	0,36	0,66	0,38	0,72	0,42
MLF 160/3	150				0,30		0,75
MLF 170/4	165	1,49		1,57		1,98	
Getreide	120		0,24		0,24		0,12
Sojaex.schrot	210	0,16		0,32			
Sojaex, geschützt	250					0,25	
Mineralfutter	500	0,05	0,05	0,07	0,07	0,10	0,07
gesamt		2,72	1,51	3,11	1,80	3,53	1,99
Cent/10 MJ NEL		19,9	15,0	19,2	16,2	19,8	16,3
Cent/kg Milch		8,5	7,9	8,4	8,2	8,4	8,0

*Futtervollkosten, d.h. inklusive Lagerkosten, Aufbereitung etc.

Tabelle 10: Futterkosten je Kuh und Tag Abhängig vom Leistungsniveau (Spiekers 2005)

Die Futterkosten der einphasigen TMR liegen tendenziell über denen der aufgewerteten Ration (HMR) und der mehrphasigen TMR.

Durch den hohen Luxuskonsum von Altmelkenden Tieren verteuert sich die einphasige TMR erheblich. Die Kraftfutterkosten liegen in Holsteinbetrieben unter 8000 kg Milch und in Fleckviehbetrieben 1 bis 2 Cent höher als bei der HMR (Wattendorf- Moser 2005). Insbesondere durch einen Einsatz von teuren Futterkomponenten im Hochleistungsbereich verteuert sich die einphasige TMR (N.N 2004).

7.0 Fazit

Die Kosten und Leistungen in der Milchviehhaltung werden maßgeblich durch die Fütterung bestimmt.
Betriebswirtschaftliche Auswertungen ergeben, dass eine Steigerung der Milchleistung auf 10.000 kg Milch und darüber hinaus ökonomisch sinnvoll ist.

Das Fütterungssystem der Total Mischration (TMR) ist aufgrund der fütterungsphysiologischen Vorteile bei hohen Leistungsbereichen besonders geeignet.

Um aber die Futterkosten der Gesamtration zu optimieren und neben einer hohen Milchleistung, die Gesundheit Fruchtbarkeit und Langlebigkeit einer Kuh zu gewährleisten, ist eine bedarfsgerechte Zuteilung der TMR dringend notwendig.

Um den unterschiedlichen Bedürfnissen der Milchkuh während einer Laktation gerecht zu werden, ist die Einteilung in Leistungsgruppen zu empfehlen. Die separate Haltung von Färsen in einer extra Gruppe ist ebenfalls empfehlenswert.

Besonders in der kritischen Phase der Frühlaktation werden hohe Ansprüche an die Ration gestellt. Eine möglichst Energie deckende Nährstoffversorgung der Gruppe ist nötig um die Gesundheit der Milchkühe zu erhalten und das genetische Leistungspotential auszunutzen.

Die Anzahl und Größe der Gruppen hängt vom Leistungsniveau der Herde und von betrieblichen Gegebenheiten ab.

Betriebe unter 100 Kühen, die nicht in der Lage sind Leistungsgruppen zu bilden, sind besser beraten mit Abruffütterung zu operieren.

Literaturverzeichnis

Ballheimer A. (2004): Färsen: Strategien für einen guten Start ;Top Agrar 1/2004; Landwirtschaftsverlag GmbH Münster; S. R 10 – R 13

Coenen M (1994): Mischration- Eine Fütterungstechnik aus Tierärztlicher Sicht; Milchviehpraxis; 3/94

Engelhard T. (2000): TMR: Reicht eine Ration ?; Top Agrar 1/2000; Landwirtschaftsverlag GmbH Münster; S. R 26

Hulsen J. (2004): Fütterung und Verdauung, Kuhsignale; Roodbont Verlag; Zutphen Niederlande; S.50 – 65

Koesling T. (1999): Was steigt schneller, die Kosten oder die Erlöse; Fütterung der 10.000 Liter Kuh; DLG Verlag, Frankfurt; S. 93- 102

Losand B. (1999): Fütterungssysteme im Vergleich; Fütterung der 10.000 Liter Kuh; DLG Verlag, Frankfurt; S. 33- 42

N.N (2005): Art der Futtervorlagetechnik, Rinderreport Baden Württemberg 2004, Herausgeber Landesanstalt für die Entwicklung der ländlichen Räume, S. 37- 40

Rossow N. (2004): Fütterungsmanagement auf Leistung und Gesundheit in der Frühlaktation; dsp- Agrosoft Tagung 24.03.2004 in Paretz

Spiekers H. (2005): Praktische Fütterung; Erfolgreiche Milchviehfütterung; DLG Verlag; Frankfurt; S. 130 - 239

Warder H. (1995): TMR mit oder ohne Gruppe?; Top Agrar 3/95; Landwirtschaftsverlag GmbH Münster; S. R 4

Wattendorf Moses E. (2005): Der Transponder kommt wieder in Mode; Top Agrar 10/2005; Landwirtschaftsverlag GmbH Münster; S. R 8 – R 10

Wattiaux M. (2005): Fütterungsrichtlinien; Ernährung und Fütterung; Babcock Institute for International Dairy Research and Development, University of Wisconsin/ USA; Kapitel 6

Ziegler P. (2005): Fettleber aufspüren: Je früher, desto besser; DLZ Agrarmagazin 12/2005; Deutscher Landwirtschaftsverlag GmbH München; S. 68- 71